CON GRIN SUS CONOCIMIENTOS VALEN MAS

- Publicamos su trabajo académico, tesis y tesina

- Su propio eBook y libro - en todos los comercios importantes del mundo

- Cada venta le sale rentable

Ahora suba en www.GRIN.com y publique gratis

Bibliographic information published by the German National Library:

The German National Library lists this publication in the National Bibliography; detailed bibliographic data are available on the Internet at http://dnb.dnb.de .

Imprint:

Copyright © 2012 GRIN Verlag
Print and binding: Books on Demand GmbH, Norderstedt Germany
ISBN: 9783668822191

This book at GRIN:

https://www.grin.com/document/445752

Ruben Dario Aguilar-Collazo

Pruebas de Campo en la Investigación Geotécnica

GRIN Verlag

PRUEBAS DE CAMPO EN LA INVESTIGACIÓN GEOTECNICA
Artículo de revisión

Rubén D. Aguilar Collazo, *Universidad Nacional de Colombia, sede Bogotá*
Maestría en Ingeniería – Geotecnia
[1] Ingeniero Civil (IC), Esp. Gerencia de Proyectos de Construcción, Candidato a Magíster en Ingeniería – Geotecnia de la Universidad Nacional de Colombia, sede Bogotá

Este documento es un resumen integrado de veintiún (21) artículos científicos suministrados en la asignatura de Investigación del subsuelo e Instrumentación de la Maestría en Ingeniería - Geotecnia cursada en la Universidad Nacional de Colombia en el año 2012 y dirigida por el Docente XY - IC, M.Sc. Estos artículos se relacionan con las pruebas de campo que se pueden llevar a cabo durante la investigación geotécnica, entre las que se citan SPT, LPT, penetrómetros dinámicos y cuasi-estáticos, ensayos de corte y torsión, presurómetros, pruebas de placa, entre otros.

La ejecución del Ensayo de Penetración Estándar (SPT) al muestrear arenas con cierto nivel de sobreconsolidación indica que el número de golpes obtenido en cualquier depósito a una presión determinada de sobrecarga efectiva, puede llegar a variar en gran medida dependiendo del método de descarga del martillo, el tipo de peso y de la longitud de las varillas. Es necesario corregir el número de golpes observado (N) en un valor equivalente al que se habría efectuado al aplicar una energía especifica en el varillaje. Un valor recomendado, que debe ser reconocido a nivel internacional, es de 60% de la energía proporcionada por el peso de martillo estándar en caída libre. El recuento de golpes corregido se designa como (N_{60}), y el valor normalizado ($N_1)_{60}$ puede ser considerado como una característica básica de la arena en la unidad de presión efectiva (1 kg/cm^2 o 100 kPa). La relación entre el número de golpes, la presión de sobrecarga efectiva (σ'v en kg/cm^2) y la densidad relativa (Dr), está dada como se muestra a continuación:

$(a \qquad v)$	$(N_1) \qquad (a \quad b)$

Donde (a) y (b) son constantes de una arena especifica, que tiende a aumentar, con el incremento en el tamaño de grano, en la edad del depósito y en el grado de sobreconsolidación. Las discrepancias entre las pruebas de campo y laboratorio se resuelven cuando se tienen en cuenta los efectos de las diferentes relaciones de energía en el varillaje y la edad.[1]

Inicialmente recomendado para suelos granulares y otras condiciones del suelo difíciles de muestrear y ensayar o para realizar otras pruebas in situ, el SPT se viene utilizando en prácticamente cualquier condición de terreno. Adicionalmente proporciona una evaluación de las propiedades del suelo, los parámetros de base de diseño y el potencial de licuefacción. El SPT proporciona una medida de la resistencia del suelo a la penetración de un muestreador estándar, donde el número de golpes necesarios para conducir los últimos 300 mm es el valor de (N). La interpretación de los resultados de las pruebas se basan en el número de golpes (N), el cual ha sido sometido a varias "correcciones" para dar cuenta de la falta de estandarización en los procedimientos de prueba, los efectos de la presión de sobrecarga, y la influencia de la longitud de la varilla.

Existen aspectos debatibles en el SPT, tales como la falta de mediciones en profundidad de la energía entregada al varillaje por encima del muestreador, la afirmación que sugiere que la energía teórica que llega al muestreador disminuye con la disminución de la longitud de la varilla y que la energía suministrada al muestreador puede ser muy baja para un SPT a cierta profundidad ya que la energía que llega al muestreador es pequeña debido a las pérdidas de energía. En el trabajo de Odebrecht et al. (2005) se menciona que la relación entre la energía que alcanza el muestreador y la energía aplicada a la parte superior de las varillas es muy cercano a la unidad lo que indica que las pérdidas de energía son despreciables, aunque en suelos de baja resistencia la energía que alcanza el muestreador puede ser mayor que la energía transferida a la parte superior de la varilla. Se puede decir que cuanto menor sea la resistencia al corte del suelo mayor es la energía entregada al muestreador. [2]

Según los autores, es evidente la necesidad de la estandarización del conteo del numero de golpes (N) dentro del valor de referencia de energía en el SPT. Los resultados demuestran que mientras que la energía entregada a la varilla se expresa como una proporción de la energía teórica de caída libre del martillo, la energía efectiva del muestreador es una función de la altura de caída del martillo, la penetración permanente del muestreador y del peso del martillo y la varilla. También señalan que la resistencia a la penetración del suelo es inversamente proporcional a la energía transmitida al varillaje por el impacto del martillo. El desplazamiento total del martillo es la suma de la altura inicial de caída más la penetración del muestreador. El numero de golpes (N) del SPT es sensible a las técnicas del operador, al funcionamiento inadecuado del equipo utilizado y a las malas prácticas de perforación.

La Influencia de la longitud de la varilla es doble y produce efectos opuestos: las pérdidas de energía de onda aumentan con el incremento en la longitud de la varilla, por ello la eficiencia de transferencia es inversamente proporcional a dicha longitud. Por otro lado en un varillaje largo la ganancia en energía potencial a partir del peso es significativa y puede compensar parcialmente las pérdidas de energía medida; esto genera un incremento en el numero de golpes (N) cuando se usan varillas más pesadas. [2]

Varios investigadores han desarrollado versiones del SPT a mayor escala para depósitos de gravas utilizando martillos y muestreadores de gran tamaño, puesto que el muestreador de cuchara partida convencional es demasiado pequeño para este tipo de investigaciones del subsuelo. Estos ensayos se conocen como Pruebas de Penetración Pesada (LPT), las cuales se han tratado de correlacionar con el numero de golpes (N) del SPT. El SPT se considera poco fiable para su uso en gravas, debido a los efectos del tamaño de grano y poco práctico ya que la energía de entrada es insuficiente.

De acuerdo con la literatura a continuación se citan cuatro tipos de LPT que se han correlacionado con el SPT: (1) JLPT o LPT Japonés desarrollado en arenas y gravas, (2) Burmister LPT, en el cual se correlacionaron datos de campo de arenas, (3) ILPT o LPT italiano, en el cual se correlacionaron datos de campo de arenas y gravas arenosas y (4) NALPT o LPT Norteamericano, para el cual se adelantó una investigación de gravas arenosas y arenas gravosas. Los factores de correlación obtenidos se diferencian principalmente por los distintos equipos de LPT. El número de golpes medido durante un LPT o SPT es función de la resistencia que actúa sobre el muestreador durante la penetración y la energía de entrada de las pruebas.

La eficiencia de la transferencia de energía desde el martillo a las varillas de perforación es cuantificada por la relación de energía de la varilla (ERr), la cual depende de la energía de onda de tensión que pasa por un punto de medición en las varillas de perforación (ENTHRU), el peso del martillo (W) y la altura de caída del martillo (H). Schmertmann y Palacios (1979) mostraron que la medición del número de golpes del SPT es inversamente proporcional a la relación de energía para un N<50.

Daniel et al. (2003) proponen un método para correlacionar el SPT con el LPT mediante el numero de golpes medido, con base en los análisis de la ecuación de onda de dichos ensayos y considera las variaciones en los equipos, la resistencia a la penetración y la energía. Los números de golpes del SPT y LPT hacen referencia a una relación de energía de 60%. El (N) previsto aumenta con la resistencia estática última (Ru), mientras que la relación (N/R_u) es inversamente proporcional a (ENTHRU), la cual debe ser controlada. Los resultados muestran que cualquier numero de golpes del LPT (N_{LPT}) se puede correlacionar con el (N_{SPT}), siempre que (ENTHRU) y la resistencia que actúa sobre el muestreador durante la penetración sean conocidas. El factor de correlación (N_{SPT} / N_{LPT}) está en función solo de la energía transferida a las varillas de perforación, de (ENTHRU) y del área de soporte del muestreador. Los efectos del tamaño del grano inciden mucho más en el (N_{SPT}) que en el (N_{LPT}), por lo tanto la relación de N_{SPT} a N_{LPT} tiende a incrementarse con el aumento del tamaño del grano, aunque dicho incremento se puede generar en parte por las incertidumbres asociadas con la falta de corrección de la energía o por el uso de muestras de calibración no envejecidas. [3]

Restrepo y Rodríguez (2006) realizaron una simulación usando un modelo numérico de diferencias finitas propuesto por Smith (1960) del ensayo SPT instrumentado de modo electrónico para medir en tiempo real la

fuerza y velocidad durante el SPT y utilizar dichas mediciones durante el ensayo de carga dinámica en pilotes usando la teoría de propagación unidimensional de ondas para evaluar la integridad, estimar la capacidad última y determinar la energía transmitida durante el hincado de pilotes. La solución de la ecuación de Smith (1960), permitió tener en cuenta el hecho que el golpe del martillo sobre un pilote produce una onda de esfuerzos que se propaga en profundidad a la velocidad del sonido de tal manera que la totalidad del pilote no es cargado simultáneamente. Se plantea un modelo carga-deformación de tipo elastoplástico que representa la carga y descarga lateral por fricción entre el suelo y el pilote, donde la máxima deformación elástica (Q) y la resistencia estática última del suelo (Ru) definen el comportamiento estático. En principio se debe calcular la velocidad inicial del martillo para el primer impacto y determinar los valores de las rigideces de los elementos del pilote. Una forma de estimar la resistencia estática del fuste y de la punta es mediante la medición o estimación de las propiedades mecánicas del suelo como se realiza en los procedimientos tradicionales para el diseño de pilotes.
Al analizar el SPT, se puede observar que la tubería desciende durante el impacto del martillo sin presentar resistencia lateral ya que la tubería tiene un menor diámetro que la perforación, el muestreador presenta resistencia a la penetración por el suelo presente en la base de la perforación. Durante el impacto se generan ondas incidentes a compresión y posteriormente éstas se reflejan de acuerdo a la condición de contorno existente. Cuando el muestreador es hincado, el impacto induce una fuerza hacia la cabeza de la tubería que posteriormente es medida por los sensores allí ubicados. La tubería podría entonces considerarse como libre y con una fuerza resistente en la punta, entonces la resistencia por fricción se considera como nula. Según Fellenius. B (2006), cuando un martillo impacta la fuerza generada desacelera su movimiento y una onda de esfuerzos se genera para ser propagada por la tubería, luego de que se alcanza la velocidad pico, la cabeza de la tubería se comienza a mover y la fuerza cae exponencialmente.

El SPT presenta limitaciones que afectan la aplicación del modelo de Smith (1960) a diferencia del ensayo de carga dinámica. Dada la alta velocidad de propagación de onda, el poco contacto entre el varillaje y el suelo a lo largo de la perforación y las altas frecuencias registradas en cada golpe es muy difícil obtener reflexiones en la barra instrumentada durante la propagación de la onda de esfuerzos a su paso por el muestreador para obtener valores de resistencia por fricción como se obtiene con claridad en un ensayo de carga dinámica en pilotes. [4]

Al igual que el SPT, el CPT es ampliamente utilizado en investigaciones del subsuelo. El CPT es un ensayo de penetración con cono, el cual generalmente se considera más consistente y repetible que el SPT , y puede dar un perfil del suelo casi continuo lo que lo hace ventajoso para determinar perfiles de resistencia a la licuación, sin embargo al ejecutar el CPT no se pueden recuperar muestras, por ello para confirmar el tipo de suelo y verificar las interpretaciones hechas se realizan sondeos paralelos preferiblemente con SPT. La dificultad y costos para obtener muestras inalteradas trae consigo la posibilidad de usar métodos simplificados para evaluar el potencial de licuación a partir de ensayos in situ. Juang et al. (2003) proponen un nuevo método simplificado para evaluar la resistencia a la licuación de un suelo basado en datos de campo del CPT y mediciones de desempeño a la licuación después de sismos. Estos datos se usaron para entrenar y ensayar una red neuronal para predecir la licuación basándose en los parámetros de carga sísmica del suelo. La red neuronal se desarrolló para predecir la ocurrencia o no de la licuación a partir de 4 variables: La resistencia de la punta del cono ajustada al esfuerzo de sobrecarga (q_{c1N}), el Índice de tipo de suelo (Ic), el esfuerzo de sobrecarga en el punto de medición del CPT en kPa ($\sigma'v$) y la relación de esfuerzos cíclicos (CSR) ajustada a una magnitud de sismo de referencia de 7,5 ($CSR_{7,5}$), y adicionalmente la red neuronal sirve de base para desarrollar el método simplificado propuesto.

En los métodos simplificados que siguen el enfoque de Seed e Idriss (1971) y actualizado por Youd et al. (2001), la "carga" a un suelo inducida por un sismo se expresa como la relación de esfuerzos cíclicos (CSR) y la "resistencia" para que no se dispare la licuación como relación de resistencia cíclica (CRR). La licuación se define como la transformación de un material granular de un estado sólido a un estado licuado como consecuencia del incremento de presión de poros y la reducción de los esfuerzos efectivos. El factor de seguridad (FS) ante la licuación a una profundidad determinada dentro del depósito de suelo es FS = CRR/CSR, si (FS)≤1 se predice la ocurrencia de la licuación y si (FS)>1 se predice que no hay licuación. [5]

A través de un análisis de regresión de mínimos cuadrados se obtuvo una ecuación empírica aproximada a la función del estado límite donde $CRR = f(q_{c1N}, I_c, \sigma_v)$ que representa un método determinístico para evaluar la resistencia a la licuación a partir de los resultados del CPT. El método tiene cierto nivel de incertidumbre, ya que existe la probabilidad de ocurrencia de licuación cuando (FS)>1, por lo tanto fue calibrado usando la teoría Bayesiana y se obtuvo la probabilidad de licuación ante un evento sísmico futuro (P_L) en función del (FS) calculado y los parámetros A y B. Esta probabilidad provee una herramienta de toma de decisiones y sirve como guía para la selección de un (FS) apropiado. [5]

Boulanger e Idriss (2004) estudiaron la resistencia a la licuación mediante la corrección de la resistencia a la penetración en arenas limpias a un esfuerzo de sobrecarga equivalente de 1 atmosfera (C_N) y el ajuste de la relación de resistencia cíclica (CRR) usando un índice relativo del parámetro de estado (ξ_R). También se planteó un método alternativo que representa la relación del efecto del esfuerzo de sobrecarga sobre (CRR) a partir del concepto de resistencias de penetración normalizadas. Boulanger (2003) definió (ξ_R) con base en el índice relativo de dilatancia de Bolton (1986), en función de una constante empírica (Q) que depende del tipo de grano, (K_0) y (σ'_{vo}), y encontró que en algunos casos (CRR) puede ser expresada únicamente como función de (ξ_R). Es importante mencionar que Seed (1983) definió (CRR) en función de ($CRR_{\sigma=1,\alpha=0}$) especifico, (K_σ) y (K_α) que es un factor de ajuste para los efectos del esfuerzo cortante estatico sobre (CRR). Los resultados del estudio brindan un marco teórico consistente para interrelacionar (C_N) con (K_σ) que es un factor de ajuste para los efectos de (σ'_v) sobre (CRR). [6]

Las metodologías de Juang et al. (2003) evalúan el potencial de licuación desde un punto de vista determinístico, sin embargo algunos métodos de mayor complejidad lo evalúan probabilística y determinísticamente. Tal es el caso de la metodología propuesta por Moss et al. (2006b) que evalúa el potencial de licuación sísmica de un suelo con base en el CPT, a partir del análisis de una base de datos a nivel mundial y el establecimiento de correlaciones probabilísticas de ocurrencia de licuación. El umbral o límite de licuación usualmente se define de modo determinístico, pero en este estudio se definió usando estadística, actualización Bayesiana y métodos de confiabilidad específicos. La selección de la capa crítica es necesaria para estimar la media y desviación estándar de los coeficientes de variación de la resistencia por punta normalizada ($q_{c,1}$) y la relación de fricción (R_f) para una historia de caso dada. La capa crítica se define por el estrato más licuable del perfil, es decir "el eslabón más débil de la cadena". El propósito del tamizado fue diferenciar los procesos de licuación de suelos no cohesivos y el ablandamiento cíclico de arcillas, ya que ambos pueden producir fallas apreciables del terreno. En algunos casos se pudo haber presentado licuación en un estrato profundo pero no se reveló en superficie debido a la presencia de un estrato grueso suprayacente no licuable. Es importante mencionar que la resistencia por punta puede ser influenciada por la presencia de suelos más blandos sobre o debajo de la capa licuable. Se requirió de ajustes y correcciones en la resistencia a la penetración medida por esfuerzos efectivos de sobrecarga, en la influencia del adelgazamiento de la capa licuable y corrección del CSR.

El esfuerzo efectivo por sobrecarga puede influenciar enormemente las mediciones por ello se normalizó la medición de resistencia en la punta a una profundidad y un esfuerzo vertical efectivo dados por un esfuerzo efectivo de referencia de 1 atm; se utilizó un factor de normalización de punta (Cq) y un exponente de normalización (c). Los resultados estadísticos mostraron que cuando las mediciones CPT son normalizadas apropiadamente, el esfuerzo efectivo por sobrecarga no tiene un efecto importante en el análisis. Se usó un marco de trabajo Bayesiano utilizando métodos de confiabilidad estructural para evaluar los datos procesados y desarrollar una correlación entre la demanda sísmica por la relación de esfuerzo cíclico uniforme equivalente (CSR) y las variables de resistencia respecto a la licuación/no-licuación observada. El resultado se puede expresar como una media y una varianza de la demanda símica requerida para desencadenar la licuación de acuerdo a una resistencia a la penetración o como una media y una varianza de la resistencia requerida para que se presente licuación bajo cierta demanda. [7]

La normalización del CPT por esfuerzos de sobrecarga es necesaria para poder obtener valores apropiados de resistencia por punta y fricción, por lo tanto Moss et al. (2006a) proponen un procedimiento basado en análisis empíricos y teoricos. El efecto de los esfuerzos de sobrecarga afecta de modo diferente a cada tipo de suelo, los suelos cohesivos responden principalmente como una función de la relación de sobreconsolidación (RSC) y de la resistencia no drenada (Su), los suelos no cohesivos responden principalmente en función de la densidad relativa (Dr) y el coeficiente de presión de tierras en reposo (k_0) y en un pequeño grado de la angularidad, compresibilidad y resistencia a la compresión de los granos. Esto podría indicar que la presión lateral es una variable primaria en la determinación de la resistencia por punta del cono en suelos no cohesivos, y una variable secundaria relacionada con el esfuerzo promedio en suelos cohesivos. El efecto de la sobrecarga en el CPT no es lineal y muestra una curva decreciente con el incremento lineal en el esfuerzo. Para tener en cuenta el efecto se normaliza con un esfuerzo de referencia igual a 1 atmosfera = 1,033 kg/cm^2. Una limitación de la normalización basada en datos empíricos es que la capa de suelo debe ser "uniforme" y extendida a lo largo de una profundidad suficiente para ser usada en el cálculo del exponente de normalización.

El método de expansión de cavidades es la aplicación teórica más avanzada para predecir los valores de punta del CPT en profundidad. El método es usado en este estudio en dos etapas: (1) Cálculo de una solución teórica de la presión límite de cavidad, y (2) La presión límite obtenida es relacionada con la resistencia por punta del cono. Se utilizaron varias soluciones para estimar el exponente de normalización a través de modelos teoricos divididos en cuatro estados del suelo. (a) Suelo cohesivo normalmente consolidado (Arcillas NC): Se modeló como un material lineal-elasto-plástico perfecto usando el criterio de Mohr-Coulomb, se plantea la hipótesis de que en este tipo de suelos la resistencia por punta y friccional se normalizan equivalentemente (b) Suelo cohesivo sobreconsolidado (Arcillas SC): Se plantea la hipótesis de que este tipo de suelos presentan similares facciones y que la resistencia por punta y friccional son equivalentes. (c) Suelo no cohesivo contráctil (Arenas sueltas): Se utiliza la aproximación de cavidad esférica y el criterio de falla lineal elasto-plástico de Von Misses para obtener la resistencia por punta de este material y la geometría cilíndrica de expansión de cavidades para obtener la resistencia friccional. La diferencia entre la resistencia por punta y friccional es función de la relación de las presiones límites de un cilindro y una esfera. (d) Suelo no cohesivo dilatante (Arenas densas): Se utiliza un modelo no lineal elasto-plástico de expansión de cavidades que requiere el uso de elementos finitos FEM para encontrar la solución de la presión límite de cavidad. Con base en ciertas consideraciones los resultados indican que podría existir una divergencia mínima entre los exponentes de normalización de punta y friccional.

Para la normalización de la resistencia por punta y friccional es necesario un proceso iterativo, donde la convergencia se logra en dos pasos. Según los autores la normalización de la resistencia friccional es un problema porque no existen modelos numéricos o analísticos para predecirla, se hacen aproximaciones en laboratorio, pero falta la rigurosidad matemática, que si tiene la resistencia por punta. El exponente de normalización es un indicador del estado del suelo bajo condiciones de esfuerzos dadas, por lo tanto al considerarlo una constante puede generar valores normalizados incorrectos. Este error ocurre en el SPT, el cual tiende a no ser un ensayo estándar. Si el CPT y SPT son desarrollados juntos, se recomienda que los exponentes de normalización del CPT sean usados también en el SPT. [8]

Así como el CPT es normalizado por los efectos de los esfuerzos efectivos de sobrecarga, la prueba de penetración con piezocono (CPTU) también debe ser normalizada por diversas causas. Schneider et al. (2008) proponen un marco para la clasificación del suelo mediante datos obtenidos de la prueba del piezocono normalizado (CPTU) a partir de valores corregidos de la resistencia por punta (qt) y la presión de poros de penetración (u_2). Al clasificar los suelos sobre la base de datos del piezocono es deseable poder separar la influencia de la OCR y el coeficiente de consolidación. El estudio se centra en la separación de la influencia de la relación del esfuerzo de fluencia a partir de la consolidación parcial sobre los parámetros normalizados de CPTU, que tienden a aumentar la resistencia por punta del cono (Q= q_{cnet} /σ'_{vo}) y disminuir el parámetro de presión de poros (Bq). Los parámetros medidos durante el CPTU se utilizan para crear perfiles de suelo y geoestratigrafía y en la evaluación de los parámetros en el diseño geotécnico. En arenas y arcillas las correlaciones del CPTU con parámetros de diseño pueden ser relativamente fiables, mientras que en suelos de transición (arenas arcillosas y limosas, arcillas limosas, suelos residuales, etc) a menudo el CPTU se realiza en condiciones de consolidación parcial, en las que la disipación del exceso de presión de poros ocurre a nivel local en torno al avance del cono y se da de manera parcial, por lo tanto existe una incertidumbre significativa no sólo en la evaluación de las propiedades del suelo, sino en la identificación de cuando la penetración se produce en condiciones de drenaje parcial, y en qué grado las presiones de poros están influyendo en la resistencia del cono, es decir la imposición de las condiciones de drenaje (drenada, no drenada, parcialmente drenada) durante la penetración tiene importantes implicaciones en la aplicación confiable de las correlaciones de diseño.

A medida que el esfuerzo efectivo de sobrecarga aumenta con la profundidad, la resistencia por punta a la penetración del cono también tiende a aumentar, por lo tanto es necesario normalizar los parámetros medidos, ya que este aumento en las lecturas de profundidad puede causar errores de interpretación en la clasificación del suelo. La normalización de la resistencia por punta del cono se basa generalmente en el esfuerzo efectivo vertical (σ'_{vo}). A pesar que esta normalización es fácil de aplicar y da cuenta de la influencia del nivel de esfuerzos en la resistencia y rigidez del suelo, no es un parámetro único para evaluar el estado de las arcillas durante la penetración no drenada. La definición del factor de cono (N_{kt}) está en función de la resistencia por punta normalizada del cono (Q) y de la relación de resistencia no drenada (Su/σ'_{vo}) que es afectada por la relación de sobreconsolidación (OCR). Por otro lado, la normalización de las presiones de poros de penetración requiere en primer lugar separar las presiones intersticiales que son una función de la respuesta del suelo y las presiones existentes en el suelo antes de la penetración. La medida de la penetración de presión de poros (um) se puede expresar como la suma de la presión de poros in situ (uo) y el exceso de presión de poros (Δum). Durante la ejecución del CPTU, las presiones de poros se miden detrás de la punta del cono, o en la ubicación de (u_2). La clasificación del suelo por piezocono que se basa en la resistencia por punta y la presión de poros utiliza normalmente el parámetro de presión de poros $(Bq=\Delta u_2 /q_{cnet})$ que está en función del exceso de presión de poros y la resistencia neta en la punta del cono. Para evaluar los efectos de la consolidación parcial se propone el uso de la velocidad de penetración normalizada (V), la cual depende de la velocidad del cono (v), diámetro del penetrómetro (d), y coeficiente de consolidación (cv).

Los autores reconocen que los modelos de suelo usados en los estudios paramétricos son una simplificación del comportamiento real; la relación entre los datos de campo y las tendencias de análisis son útiles para evaluar las implicaciones de la respuesta del piezocono modelada. El CPTU genera altos niveles de deformación alrededor de la sonda; en suelos deformables por ablandamiento es probable que el valor de la fuerza máxima se supere.
Las arcillas sensibles pueden tener altos valores de (Q) debido a la relación OCR y ángulo de fricción, pero tienden a tener mayores valores de Bq que arcillas similares con una menor sensibilidad. Durante la penetración el grado de disipación de la presión de poros es mayor, entonces el aumento de la resistencia en la punta del cono es generalmente reflejado por un menor exceso de presiones de poros de penetración. Las pruebas de contracción (serie de pruebas a una tasa de penetración variable) ayudan a identificar las dos facetas del comportamiento de la arcilla durante la penetración: (1) los efectos de tipo viscoso, y (2) la consolidación parcial. Esto resulta en un comportamiento particular en torno a un valor mínimo de (Q), con una mayor resistencia en la punta del cono a mayor velocidad debido a los efectos de tipo viscoso y una mayor resistencia en la punta del cono a velocidades más bajas debido a la consolidación parcial. A medida que la OCR de las arcillas tiende a disminuir con la profundidad, la mayoría de los suelos arcillosos sobreconsolidados también mostrarán que (Q) y $(\Delta u_2 /\sigma'_{vo})$ disminuyendo con la profundidad. Los suelos en los que la penetración es parcialmente drenada a menudo tienden a variar en el tipo de material y el coeficiente de consolidación, lo que tiende a resultar en un aumento de (Q) y una disminución de $(\Delta u_2 /\sigma'_{vo})$ con el aumento en el coeficiente de consolidación. La delimitación de los suelos limosos por piezocono, así como el análisis de ingeniería en estos materiales es complicado por los efectos de la consolidación parcial, con condiciones de drenaje durante las pruebas de penetración que difieren a menudo de las de diseño. En arenas la observación de las presiones de poros hidrostáticas, es un buen indicador de la penetración drenada; que se traducirá en mayores valores de (Q) en comparación con la penetración no drenada o parcialmente drenada. La reducción en (Q) con la profundidad es más significativa para arena muy densa, que para arena suelta. Se han registrado presiones de poros negativas (u_2) durante la penetración del piezocono en arcillas y arenas de distinto tipo, por lo tanto se pueden realizar pruebas de disipación. En arcillas altamente SC las presiones de poro durante las pruebas de disipación puede comenzar como negativas, aumentar hasta la hidrostática, y luego empezar a decaer. Al analizar el comportamiento de suelo de transición es necesario evaluar la influencia de la velocidad normalizada en (Q), ya sea a través de pruebas de disipación o pruebas de tasa variable de penetración. [9]

El comportamiento de los suelos es generalmente controlado por el grado de disipación de la presión de poros durante la carga, el nivel de esfuerzos en la falla, y la relación inicial de esfuerzo de fluencia. Estas características de comportamiento llevarán a las diferentes respuestas del suelo durante la penetración del piezocono, en particular los valores relativos de la resistencia en la punta del cono y las presiones de poros de penetración. [9]

Durante las investigaciones rutinarias de campo, el muestreo de alta calidad y las pruebas de laboratorio en arenas no son factibles, por los efectos de la perturbación de la muestra y las limitantes económicas. Por ello Mayne (2006) recopiló datos de muestras de arena virgen congelada de 15 sitios en Japón, Canadá, Italia y China para la calibración de métodos de interpretación del (CPT). El autor usó la base de datos para evaluar el ángulo de fricción secante pico (ϕ'p) en términos de la resistencia de punta del cono normalizada ($Q \approx q_t/\sigma'_{vo}$) usando dos enfoques analíticos: (1) La teoría esférica de expansión de cavidades con un índice de rigidez operacional (I_{RR}) y (2) una formulación del límite de plasticidad con ángulo de plastificación apropiado (β). Los valores de (I_{RR}) y (β) se encontraron correlacionados con la relación normalizada (G_o/σ'_{vo}). Por lo tanto con las mediciones del modulo de corte inicial (G_o) y la resistencia cortante, la prueba de cono sísmico (SCPTU) permitió identificar la respuesta resistencia - esfuerzo - deformación de arenas a cualquier profundidad. El (SCPTU) en arenas provee un método optimo de captura de cuatro lecturas continuas independientes con respecto a la profundidad en un mismo sondeo tales como resistencia por punta del cono (q_t), fricción (f_s), presión de poros medida en el reborde (u_b) y la velocidad de onda de corte (V_s) tipo downhole a intervalos de 1m. En la caracterización geotécnica del sitio un sondeo usando (SCPTU) es más eficiente y conveniente para recoger datos múltiples de muchas facetas del comportamiento del suelo. Con el primer enfoque se encontró que (I_{RR}) se correlaciona adecuadamente con(G_o/σ'_{vo}). Con el segundo enfoque se determinó el angulo de fricción (ϕ') en función de (q_t/σ'_{vo}) y el angulo (β), el cual describe el tamaño de la zona de falla cerca de la punta. [10]

Chu et al. (2002) realizaron una investigación de las características de consolidación y la permeabilidad de la arcilla marina de Singapur a través de pruebas de laboratorio y ensayos in situ. Se determinaron los coeficientes de consolidación (C_V y C_H) y los coeficientes de permeabilidad (k_V y k_H) en dirección vertical y horizontal. (C_V) depende de la deformación vertical y de OCR. El valor de (C_H) aumenta aparentemente con la profundidad y es usualmente 2 a 3 veces mayor que el valor de (C_V). La permeabilidad del suelo es principalmente determinada de modo indirecto a partir de valores de (C_V) o (C_H). Las pruebas de laboratorio realizadas fueron: Ensayo edométrico, Deformación controlada (CRS) y prueba con la celda Rowe en muestras inalteradas de buena calidad. Los ensayos in situ se ejecutaron usando: (1) Permeámetro BAT: Se utiliza para determinar de modo indirecto (k_h) in situ, tiene un filtro de 30 mm de diámetro y 40 mm de espesor. La prueba se hace con flujo de agua, entonces cuando el agua fluye en la sonda, la presión del aire en la cámara cambia. (k_h) se determina en función de (Po, Vo, F, Uo, Pt). (2) Piezocono (CPTU): Posee un area de punta del cono estándar de 1000 mm^2 y un angulo de 60º. El filtro de presión de poros se localizó detrás de la punta del cono. (C_H) se puede determinar en función de (R, T_{50}, t_{50}). (3) Dilatómetro plano (DMT): Solo se mide el estuerzo lateral total (σh), no la presión de poros (u), se considera que una proporción significativa de la medida de (σh) que actúa sobre la espada es igual a (u), se establece una relación aproximada entre la velocidad de disminución de (σh) y (C_H) cuyo valor también se obtiene de las lecturas A y C. (4) Presurómetro Auto-excavador (SBPT): Tiene una sonda de 83 mm de diámetro y 1,4 m de largo; la disipación de (u) se mide con una celda, el valor de (C_H) se puede calcular de modo similar al (CPTU). En las arcillas de Singapur, la permeabilidad generalmente decrece con la profundidad. El valor obtenido de (k_h) del Permeámetro BAT es menor que el de los otros ensayos in situ. El Ensayo edométrico proporciona mediciones fiables de (C_V). Las alternativas de mejoramiento del suelo incluyen el uso de drenes verticales, por lo tanto las pruebas de disipación con CPTU o en laboratorio con la celda Rowe se recomiendan para determinar (C_H). Sin embargo, cuando los drenes son instalados a una distancia estrecha en arcillas blandas marinas, el efecto de "distorsión" del suelo puede ser considerable y como resultado se debe usar un valor de diseño de (C_H) más bajo que el de una arcilla intacta. [11]

Morris y Williams (1993) desarrollaron un modelo teórico de la prueba de resistencia al corte de suelos utilizando veleta (VST), a partir de datos experimentales de esfuerzos totales y efectivos actuantes sobre la zona de corte generada alrededor de la rotación de la veleta de corte. La prueba de veleta de campo es de las más utilizadas en la medición in situ (directa) de la resistencia al corte de suelos blandos a medianamente cohesivos, sin embargo sus resultados son solo un índice de la resistencia. Entre las limitantes de la prueba están la perturbación y el exceso de presión de poros por causa de la inserción de la veleta en el suelo, están los efectos de tixotropía debido a la velocidad de corte, están el exceso de presión de poros por la rotación de la veleta, el estado de esfuerzos inicial del suelo, su plasticidad, permeabilidad y sensibilidad. La situación se complica por los esfuerzos inducidos al suelo por la rotación de la veleta y la posible ocurrencia de una falla progresiva. El VST es una prueba modelo y no un elemento de prueba. La estimación de la resistencia al corte del suelo con veleta se aplica a casos prácticos en los cuales el modelo es razonable. Es importante conocer los esfuerzos efectivos que controlan la resistencia movilizada en la zona de corte de la veleta. El modelo de Morris y Williams (1993) se aplica para historias de esfuerzos en materiales ensayados y para varios estados de esfuerzos iniciales axisimétricos en el suelo que incluyen la consolidación 1D, isotrópica e intermedia. El modelo es compatible con la teoría del estado crítico, pero está restringido para suelos NC que presentan un valor de cohesión efectiva igual a cero (c' = 0). El modelo propuesto se basa en las siguientes simplificaciones, lo cual permite que los esfuerzos efectivos del suelo durante la rotación de la veleta sean estimados: (a) La perturbación del suelo debido a la inserción de la veleta es insignificante. (b) Los excesos de presión de poros generados por la inserción de la veleta se disipan antes de la rotación de la veleta. (c) Los efectos de la velocidad de corte son insignificantes. (d) La zona de corte se puede aproximar a las superficies de falla cilíndricas producidas por los bordes de las aspas de la veleta. (e) No se generan excesos de presiones de poros sobre las superficies de falla por la rotación de la veleta. (f) No hay cambios en los esfuerzos normales efectivos y totales que actúan sobre las superficies de falla que ocurren durante la rotación de la veleta. También se supone que el eje de rotación de la veleta está en posición vertical y que la superficie del suelo es horizontal. El criterio de falla utilizado es el de Mohr-Coulomb. El estado critico se alcanza en cualquier punto de la superficie de falla para un esfuerzo cortante (τv), el cual está en función de esfuerzos normales efectivos (σ'_v y σ'_h) donde ($\sigma'_h = K \sigma'_v$) y del angulo de fricción en el estado crítico ($\phi cs'$). También se genera un torque total ($T h$) que se atribuye a la superficie de falla horizontal, la cual varía con el radio medido a partir del eje de la veleta (r) y con el angulo de rotación (θ) y que depende del esfuerzo cortante $\tau v = \tau v \, (r, \theta)$. El modo de falla en el VST se asemeja al ensayo de corte directo, el cual es más apropiado para determinar ángulos de fricción.

Bjerrum definió un factor de corrección (μ) que relaciona la resistencia al corte de la veleta con la resistencia obtenida por retro-análisis de fallas a una gran escala, y propuso que ($\mu = \mu a \, \mu R$) donde (μa) y (μR) corresponde a los efectos anisotrópicos y de velocidad de deformación respectivamente. En este caso particular se utilizó un factor de corrección (μv) análogo a (μR) y relacionado con el torque medido ($T m$) y el Torque teórico ($T o$), con la intención de compensar los efectos de tixotropía y de presión de poros. La interpretación convencional del VST supone que la resistencia al corte no drenada (Su) se desarrolla uniformemente sobre toda la superficie de falla. El modelo propuesto sitúa a la resistencia al corte de veleta al mismo nivel de la resistencia triaxial del estado crítico, la cual puede estimarse si se conocen los esfuerzos in situ, la relación OCR y el angulo (ϕ') de compresión triaxial, la relación de espaciamiento y la relación de deformación volumétrica plástica. El nuevo modelo de veletas de corte puede proporcionar estimaciones teóricas del torque medido y de la resistencia convencional al corte de veleta. Estos pueden ser comparados con datos de campo o utilizados en los análisis de estabilidad convencional. [12]

El dilatómetro plano de Marchetti (DMT) es una "espada" de acero inoxidable que tiene montada (a ras) en un lado una membrana circular y plana de acero. La espada está conectada a una unidad de control en la superficie del terreno por un tubo neumático-eléctrico (transmisión de la presión del gas y la continuidad eléctrica) que pasa a través de las varillas de inserción. Un tanque de gas conectado a la unidad de control por un cable neumático, suministra la presión de gas requerida para expandir la membrana. La unidad de control está equipada con un regulador de presión, uno o varios manómetros de presión, una señal de audio-visual y válvulas de ventilación. La espada se introduce en el suelo utilizando equipo de campo común, es decir, se empujan las sondas normalmente usadas para la prueba de penetración de cono (CPT) o sondas de perforación. Las varillas de empuje se utilizan para transferir el empuje desde la inserción de la sonda a la espada. El campo de aplicación del DMT es muy amplio y va desde suelos extremadamente blandos a suelos duros/rocas blandas, es adecuado para arenas, limos y arcillas donde los granos son pequeños en comparación con el diámetro de la membrana (60 mm). No es adecuado para gravas, sin embargo, la espada es lo suficientemente robusta como para atravesar las capas de grava de espesor cercano a 0,5 m. Las lecturas del DMT son muy precisas incluso en suelos muy blandos. [13]

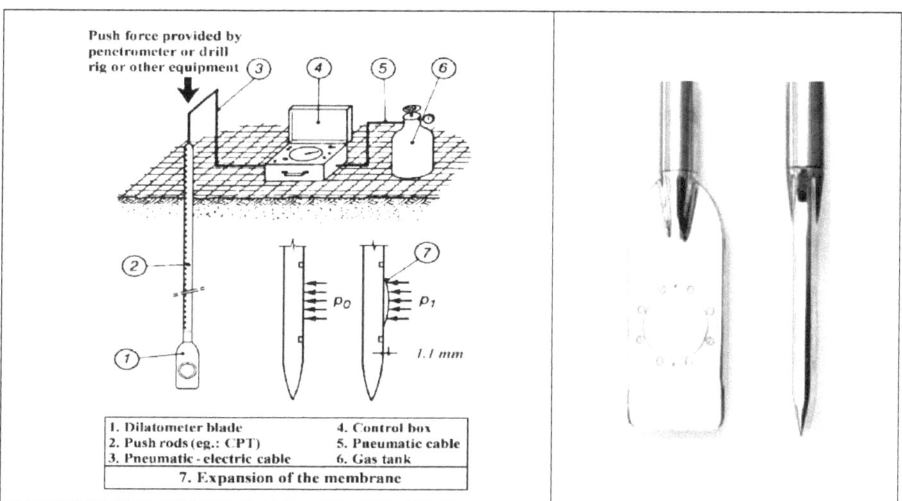

Figura 1. Dilatómetro plano (DMT) - Esquema general y vista frontal y lateral de la "espada" y membrana [13]

El DMT es un ensayo in situ rápido, simple, económico y altamente reproducible, se puede ejecutar con una variedad de equipos de campo, proporciona estimaciones de varios parámetros o información de diseño, tales como Modulo constreñido vertical drenado (M), Resistencia al corte no drenada (Cu), Estratigrafía del suelo y historia del depósito. Es muy aplicado en la investigación de la compresibilidad in situ del suelo para predicción de asentamientos. Según varios autores el DMT es aplicable al control de compactación, en la detección de los efectos de la instalación de pilotes, licuabilidad de las arenas, para verificar si un talud contiene superficies de falla, para pilotes axialmente cargados en suelos cohesivos y en pilotes cargados lateralmente, en la determinación de los coeficientes de consolidación y permeabilidad en arcillas, en el nivel freático de arenas y en la selección de datos de entrada en métodos de elementos finitos (FEM). [13]

El (DMT) es una herramienta geotécnica usada en las investigaciones del subsuelo para definir la estratigrafía subsuperficial y para estimar varias propiedades de suelo. La DMT es una "espada" sencilla utilizada para ensayar el suelo, tiene 95 mm de ancho, 15 mm de espesor, y un ápice de 20°, que es estáticamente introducida en el suelo para su análisis. A una profundidad de ensayo dada, una fina membrana circular flexible de acero inoxidable de 60 mm de diámetro está situada sobre una de las caras de la "espada", esta membrana se expande dentro del suelo. Se registran tres (3) lecturas durante la prueba: La presión necesaria para iniciar el movimiento de la membrana (lectura A), la presión para alcanzar el desplazamiento total (centro) de 1,1 mm (lectura B), y la presión para finalmente volver a colocar la membrana contra la sonda durante la descarga (lectura C). A partir de estas lecturas de campo los índices se determinan y correlacionan con diversos índices del suelo y propiedades mecánicas. La prueba de dilatómetro es simple, repetible, y sobre todo insensible al operador. Los acontecimientos recientes han ampliado el uso del dilatómetro y se han mejorado las correlaciones empíricas

(Marchetti, 1997). El procedimiento del DMT se basa en lo planteado por Schmertmann (1986) y la norma ASTM-D6635-01. La espada es enterrada a una velocidad de 1-3 cm/s. El intervalo de prueba suele ser de 15-30 cm. Cuando la espada alcanza la profundidad de prueba, el empuje es descargado y la prueba se inicia dentro de los 15 s siguientes. La tasa de expansión se selecciona de tal manera que la lectura A se alcance dentro de 15 a 30 s. La lectura A corresponde a un desplazamiento de la membrana central de 0,05 mm. La tasa de expansión continúa de tal manera que la lectura B se alcanza 15 a 30 s después de la lectura A. La lectura B representa un desplazamiento de la membrana central de 1,1 mm. Finalmente la espada es descargada en la lectura C en 15-30 s. La lectura C se encuentra en la misma posición que en la lectura A. Usando este procedimiento, la prueba puede ser completada en menos de 2 min. De esta forma la espada está lista para ser llevada a la próxima profundidad de prueba. Las presiones (P_0), (P_1) y (P_2) se determinan a partir de las lecturas A, B y C del dilatómetro de campo después de la corrección de la rigidez de la membrana. Estas presiones corregidas junto con la presión de poros estática (u_0) y el esfuerzo efectivo vertical, se utilizan para calcular los índices de dilatómetro desarrollado por Marchetti (1980). El índice de materiales (Id), el índice de esfuerzo horizontal (Kd), y el módulo de dilatómetro (Ed) se utilizan para relacionar las lecturas de campo con los parámetros de ingeniería. Los índices del dilatómetro reflejan la respuesta del suelo después de la inserción de la espada. La prueba se supone que es no drenada para arcillas y drenada para arenas. El módulo de dilatómetro no es equivalente al módulo de Young, pero se calcula utilizando la teoría de la elasticidad y es una función del módulo de Young y el coeficiente de Poisson. [13]

Benoît y Stetson (2003) proponen el uso de un DMT instrumentado, el cual denominan (IDMT) equipado con sensores diseñados para registrar el desplazamiento continuo de la membrana, la presión total y la presión de poros, sobre arcillas varvadas de Connecticut (CH). El DMT se ha modificado para medir la curva continua de presión-desplazamiento en un intento por comprender mejor la mecánica y la respuesta del suelo cuando la fina membrana se expande durante la prueba de DMT. El IDMT posee entre otros elementos un oscilador de desplazamiento ajustable, un sistema de medición de presión de poros, una celda de presión total, una de carga y un transductor de profundidad. La corrección de la rigidez de la membrana es importante especialmente en el sitio de estudio, ya que representa hasta un 17% de la presión total aplicada a la arcilla blanda, esta corrección es calculada con respecto al desplazamiento de la membrana. La presión de poro se incrementa durante cada inserción del IDMT y empieza a disiparse antes del inicio de la expansión de la membrana, aunque el sensor de presión de poros no se encuentra en el centro de la membrana, los resultados muestran una respuesta significativa a la expansión de la cavidad. Los resultados del estudio muestran que los índices del dilatómetro instrumentado, (Id), (Kd) y (Ed) son comparables a los resultados de las pruebas convencionales DMT, los valores del módulo de corte de descarga-recarga del IDMT están claramente influenciados por el exceso en la presión de poros a partir de las perturbaciones debidas a la inserción y en general el IDMT provee mediciones exactas de las presiones de poros de penetración y expansión, incluyendo los ciclos de descarga-recarga, con un impacto mínimo sobre el diseño de la espada original. [14]

El Presurómetro se define como un dispositivo cilíndrico que puede aplicar una presión uniforme a la pared de una cavidad; la cavidad está especialmente creada para la prueba del presurómetro. La cavidad se realiza inicialmente, después el dispositivo de prueba es conectado a las varillas que se usan para bajar, perforar, empujar o martillar el dispositivo. Un cable umbilical conecta el dispositivo al equipo de prueba localizado en la superficie, el cual incluye suministro de presión, unidad de control y registro de datos. Las pruebas pueden ser de esfuerzo y de deformación controlada. En pruebas de esfuerzo controlado, la presión aplicada aumenta y el desplazamiento de la membrana se monitorea para dar respuesta del terreno a los cambios de presión. En pruebas de deformación controlada se usan presurómetros llenos de gas que son en realidad de esfuerzo controlado pero los incrementos de presión son pequeños y la tasa de incremento de presión es controlada por la tasa de expansión de la membrana. En realidad en un ensayo de este tipo se usan presurómetros llenos de liquido, donde los incrementos volumétricos de liquido son inyectados al dispositivo y la presión requiere monitoreo. Existen distintos tipos de presurómetros, los cuales se agrupan de acuerdo con el método de instalación (pre-excavado, auto-excavador o hincado) y con el método de medida de desplazamientos (de volumen o radial). (1) El presurómetro pre-excavado (PBP) se introduce en una cavidad excavada previamente para la prueba, pueden ser usado en cualquier condición de terreno. El presurómetro de Ménard (MPM) es un equipo de volumen desplazado que contiene que contiene tres secciones de expansión. La sección central es monitoreada, las celdas de guarda son infladas para asegurar que la longitud de la sección de prueba permanezca constante, se ejecuta cada metro incluso con presencia de nivel de agua. (2) El presurómetro auto-excavador (SBP) excava en el terreno su propia cavidad por rotación y se usa en cualquier tipo de suelo que contenga grava pequeña y en algunas rocas débiles. En teoría no debe haber movimiento radial en el terreno durante la instalación, sin embrago en la realidad la fricción entre el dispositivo y el terreno y los efectos de la perforación pueden crear deformaciones en el suelo adyacente al presurómetro que podría cambiar las propiedades del suelo; en arcillas estos cambios son pequeños, en arenas son grandes. (3) El presurómetro hincado (FDP) o de desplazamiento total se usa para incrementar la velocidad de instalación y crear alteraciones repetibles. Su velocidad de instalación es constante (2 cm/s). Existen dos tipos: uno de tubo de pared delgada, el cual desplaza el suelo parcialmente y uno de cono solido que desplaza todo el suelo de modo radial. Los presurómetros se calibran mediante transductores de presión y desplazamiento, por la rigidez y la compresión de la membrana. El principio básico del Presurómetro es modelar la expansión lateral de una cavidad cilíndrica de longitud infinita, por ello las pruebas de presurómetro se pueden interpretar usando la teoría de expansión de cavidades propuesta por Vesic. [15]

El módulo estático de deformación es uno de los parámetros que mejor representan el comportamiento mecánico de una roca y de un macizo rocoso, aunque sus mediciones in situ requieren mucho tiempo e implican costos significativos y dificultades operativas, por lo tanto a menudo se calcula indirectamente a partir de sistemas de clasificación tales como (RMR), (Q) y (RMi). La deformabilidad se caracteriza por un módulo que describe la relación entre la carga aplicada y la deformación resultante. El hecho de que un macizo rocoso con fracturas no se comporte elásticamente ha llevado a la utilización del módulo de deformación (Em) en lugar del módulo de elasticidad (E). La relación del esfuerzo equivalente (p) para una deformación dada durante el proceso de carga de un macizo rocoso y que incluye un comportamiento elástico e inelástico se define como (Em). Las mediciones de módulos en campo varían con las hechas en laboratorio en gran medida debido al fracturamiento del macizo.

Los tres (3) tipos de ensayos in situ más usados para determinar los módulos de deformación se describen a continuación: (1) Ensayo Gateado (PJT): Se cargan simultáneamente dos áreas diametralmente opuestas en la galería de prueba utilizando gatos y se miden los desplazamientos de la roca con extensómetros mediante perforaciones hechas pasando cada area cargada. (2) Ensayo de placa de carga (PLT): Se considera el ensayo más usado, se miden los desplazamientos directamente sobre la superficie rocosa de la galería que está cargada. (3) Ensayo del Gato Goodman: Consiste en dos placas curvas de soporte rígido de 90° que pueden ser forzadas a separarse dentro de un agujero de diámetro NX por acción de un numero definido de pistones; en cada extremo de las placas de 20 cm están montados dos transductores que miden el desplazamiento. Por otra parte el efecto de la relacion de Poisson (v) es utilizado para el cálculo del valor del módulo de deformación en una prueba in situ, aunque no hay mucha variación de dicho modulo para $0,1 < v < 0,35$. El valor del módulo se incrementa con el aumento de la presión aplicada durante la medición, debido al cierre de grietas o juntas en el macizo rocoso sometido a esfuerzos, haciendo que el material sea más rígido a esfuerzos altos. El valor del modulo de deformación es a menudo estimado de modo indirecto a partir de la utilización de parámetros del macizo rocoso que se pueden adquirir fácilmente y a bajo costo; por lo tanto existen múltiples correlaciones del modulo en función de dichos parámetros que se obtienen con los sistemas de clasificación, en especial con el (RMR). [16]

La zona alrededor del túnel o galería que está influenciada por las voladuras se compone de dos tipos principales: (1) zona dañada, cerca de la superficie del túnel, la cual está dominada por cambios casi siempre irreversibles en las propiedades de la roca. La acción de la voladura crea nuevas grietas, amplia las existentes y produce desplazamientos a lo largo de las grietas. (2) La zona alterada se encuentra más allá de la zona dañada, hay cambios en el estado de esfuerzos y en la cabeza hidráulica, por ello está redistribución de esfuerzos causa movimiento de bloques, cambios de abertura en las juntas naturales y/o deformación elástica de la roca; los cambios por acción de la voladura en las propiedades del material se espera que sean insignificantes. La utilización de diferentes procedimientos para las mediciones in situ proporciona valores que a menudo difieren entre sí hasta un 100% y esto es inevitable. El valor de (Em) es sensible a la presencia de fracturas, por ello las condiciones del macizo rocoso en cada ensayo deben ser cuidadosamente descritas para intentar sustentar las diferencias en los resultados. Bieniawski (1979) sugiere que los valores de módulo debe ser obtenidos a partir de mediciones con (PJT), son menos sensibles a las variaciones en la distribución de presión que los desplazamientos directamente bajo el área de carga. El módulo de deformación del macizo rocoso en una deriva de prueba a menudo varía entre las dos paredes y entre el techo y el piso. Esto proviene en gran medida de las diferentes cualidades del macizo, los diferentes tipos de pruebas, los daños en la explosión y la preparación del sitio de ensayo. En muchos casos una buena caracterización del sitio y el uso de un método indirecto apropiado resulta una mejor opción que los ensayos in situ.

Los resultados de las mediciones in situ del ensayo (PJT) son mejores que los valores medidos por (PLT) y (GJT) que son generalmente bajos; en promedio se deben multiplicar por un factor de Rp = 2,5 para ser comparados con las mediciones de (PJT). Las estimaciones indirectas realizadas con los sistemas de clasificación (RMR) y (RMi) muestran valores más adecuados del modulo de deformación para macizo rocoso con fracturas en comparación con el sistema (Q); una razón podría ser que este sistema no usa como dato de entrada la roca intacta. El sistema (RMi) brinda mejores estimaciones de (Em) para macizo rocoso que los otros sistemas en consideración. El valor de deformación para rocas débiles debe ser estimado con los resultados de las pruebas de laboratorio y ajustado según el efecto de escala. [16]

Corthésy et al. (2003) desarrollaron mediciones precisas y confiables de esfuerzos in situ en rocas blandas, utilizando entre otras la técnica de medición "Flatjack", la técnica de inclusiones rígidas (evalúa estados de esfuerzos), Fracturamiento hidráulico y dilatómetro, la técnica de "Overcoring" donde un pozo de diámetro de 96 mm se perfora concéntricamente a un agujero piloto para aliviar los esfuerzos a su alrededor, en éste se instala un instrumento de medida de deformaciones o desplazamientos por alivio de esfuerzos. Finalmente la técnica de medición "doorstopper" modificada se utilizó en el estudio, observando ventajas con respecto de las otras. Esta técnica propuesta por Leeman (1967) se basa en el principio de recuperación, consiste en la perforación de un pozo de diámetro NX (o NQ) hasta el punto de medición. Una célula llamada celda doorstopper se inserta en el hoyo, unida al centro de la parte inferior del pozo. Una primera lectura se toma después de que el pegamento se ha puesto y antes de que el pozo se prolongue, de tal modo que un cilindro de roca se separa de la masa. En este punto, se toma una nueva lectura de cuatro medidores y las deformaciones recuperadas se obtienen como la diferencia entre la lectura inicial y final. Utilizando las relaciones de esfuerzo-deformación del material, estas deformaciones recuperadas permiten calcular los esfuerzos existentes en el fondo del pozo antes del proceso de alivio de esfuerzos. Los resultados de simulaciones de laboratorio en condiciones controladas muestran que la técnica es fiable y precisa. Se realizaron aplicaciones de campo en una mina de potasio en Brasil, en un túnel bajo el agua en las pizarras de Canadá y en una deriva exploratoria en las rocas molassic de los Alpes franceses. [17]

Galera et al (2005) realizaron comparaciones entre el modulo de deformación (Em) obtenido de pruebas de dilatómetro y la calidad geomecánica de la masa de roca utilizando la clasificación RMR y las propiedades básicas de la roca intacta tales como la resistencia a la compresión uniaxial ($\sigma^{i}c$) y el módulo de Young (Ei).
Se tuvo en cuenta el efecto de escala en la masa rocosa, donde la resistencia de la misma se puede estimar por medio del valor de RMR. Este efecto de escala se relaciona con la resistencia, deformabilidad, propiedades de las fracturas, permeabilidad e incluso esfuerzos in situ. Existen métodos para determinar la deformabilidad in situ, que el autor agrupa en (1) pruebas de pozos de expansión: Se citan los presurómetros de Ménard, el auto-excavador y el hincado (desplazamiento total), y el dilatómetro flexible. (2) Métodos Geofísicos para medir in situ la deformabilidad de la masa rocosa se basan en mediciones de velocidades de ondas de compresión (Vp) y de corte (Vs) y constituyen por lo tanto la evaluación de la propiedades dinámicas elásticas. (3) Prueba de placa de carga (PLT): Se puede utilizar para evaluar la reducción de módulos en masas rocosas debido al efecto de escala; su uso es restringido por los altos costos, sin embargo se utiliza en fundaciones en roca e investigaciones de presa. Los autores recomiendan el uso de pruebas de dilatómetros y presurómetros. Aunque los ensayos in situ son la mejor aproximación para predecir la deformabilidad de una masa rocosa, son costosos y no siempre sus resultados son confiables, por ello la evaluación empírica a partir de clasificaciones geomecánicas es una buena opción. Los autores citan correlaciones existentes entre el modulo de deformación (Em) y los sistemas

RQD, RMR y Q y proponen unas nuevas correlaciones de (Em) y (Ei) con respecto a RMR, que mejoran las estimaciones, disminuyen el grado de dispersión y por ende los coeficientes de regresión (r^2). [18]

El ensayo de compresómetro de campo (FCT) o de placa roscada fue creado en Noruega en los años 50's con el propósito de medir in situ el módulo de deformación vertical del suelo. Los primeros ensayos se realizaron en 1953 para el diseño de una fundación de un tanque de almacenamiento sobre una arena suelta. Se requerían mediciones de compresibilidad, y como no era posible recuperar muestras se realizaron ensayos in situ. Los ensayos fueron ejecutados por el Instituto noruego de geotecnia (NGI) usando una placa con forma de tornillo de 25,2cm de diámetro, hecha con una lámina de acero de 3/8" soldada a una barra de acero de 5/4" y aplicando la carga en la superficie. La carga en la placa se corrigió por fricción en el fuste y las deformaciones medidas se corrigieron por deformación elástica en la barra. Las estimaciones iniciales de asentamientos se hicieron a partir de las curvas esfuerzo – deformación usando un método empírico y soluciones elásticas. Las experiencias con el FCT fueron prometedoras e indicaron que era posible realizar mediciones económicas de compresibilidad in situ sobre arenas sueltas a grandes profundidades. El primer FCT influyó en el desarrollo del concepto de modulo de Janbu, el cual fue adaptado al FCT denominándose modulo constreñido (M) que se expresa como una función del esfuerzo usando dos constantes del material, el número modular (m) y el exponente de esfuerzos (a). Estas constantes son necesarias para llevar a cabo un análisis de asentamientos, donde el número de asentamientos (S) depende del módulo constreñido (M) y del perfil de esfuerzos efectivos verticales asumido y se puede calcular para varios tipos de suelo, esfuerzos iniciales (σ'_o) y carga aplicada (q_n). Hauan (1967) investigó el efecto del tamaño de la placa y realizó ensayos de campo en suelos no cohesivos para evaluar las estimaciones de asentamientos a partir de resultados de campo y recomendó mover la aplicación de la carga más cerca de la placa, incrementando el paso del tornillo y darle forma puntuda a la pieza central, para solventar problemas encontrados en campo y las variaciones de (m). Estas recomendaciones se incorporaron en la construcción de la primera versión completa del FCT durante 1968. Fremstad (1968) propuso un criterio relativo para establecer el tiempo de parada de cada incremento de carga, el próximo incremento de carga se aplicaría cuando la tasa de asentamientos era pequeña respecto al asentamiento total medido en el incremento actual. Enlid (1970) extendió las cartas del número de asentamiento (S) para incluir otros tipos de suelos preparando cartas para arcillas NC y suelos SC. En los años 90's se retomo la investigación del FCT por parte de la Universidad de Noruega (NTNU). Kvalsvik (1991) investigó el efecto del diámetro de la placa y la profundidad de empotramiento en los valores interpretados de módulos para placas planas de carga. Entre 1991 y 1992 se desarrolló un prototipo del FCT y Hoff realizó unos ensayos de pruebas iniciales que consistían en aplicar la carga en la superficie transmitiéndola al plato a través de unas varillas rígidas. La carga en la placa era medida con una celda de carga colocada entre la varilla y la placa. El instrumento era instalado y extraído usando un taladro rotatorio y la placa se recuperaba al final del ensayo. Aunque el prototipo fue abandonado, el sistema construido de taladro y varillas fue un éxito. Se construyó un nuevo sistema de varillas para permitir que el instrumento se instalara y se extrajera nuevamente usando un taladro rotatorio. Esto requirió de conexiones entre varillas que soportaran compresión, tensión y torsión en ambas direcciones. El FCT normal se adapto usando estas varillas y el uso del taladro demostró ser una mejoría en el procedimiento del ensayo, al igual que el desarrollo de un nivel de referencia alternativo que consiste en un cable a tensión constante con un peso que cuelga para mantener los niveles de tensión y la altura. [19]

Fernulk y Haung (1990) proponen una evaluación de la permeabilidad in situ a través del uso de equipos para medir la tasa de infiltración y/o la conductividad hidráulica del suelo. La tasa de infiltración se define por la medida en que un determinado volumen de agua cruza la interface suelo-aire en una unidad de área de suelo por unidad de tiempo. La tasa de infiltración depende de la condición física del suelo y de la hidráulica del agua en el perfil, las cuales pueden cambiar con el tiempo. La conductividad hidráulica (k) se refiere a la capacidad intrínseca del suelo para transportar un fluido, y es una función de la tasa de infiltración, el gradiente hidráulico (i) y el área (A) que son expresadas empíricamente por la Ley de Darcy (Q = kiA) por un flujo saturado unidimensional.

A continuación se describen los tres (3) equipos utilizados: (1) El infiltrómetro de anillo simple cerrado (SSRI), el cual mide la tasa de infiltración y también se usa para determinar la conductividad hidráulica (k) si la cabeza

(H) y la profundidad de infiltración (L_f) son conocidas. En este cálculo se asume que toda la zona húmeda está saturada entre la parte superior del revestimiento y el frente húmedo y que la succión del suelo en este frente no tiene ningún efecto en el gradiente. (2) Infiltrómetro sellado de doble anillo (SDRI): Los cálculos de la conductividad hidráulica de este infiltrómetro se basan en el avance completo del frente húmedo. El doble anillo permite la medición de (k) sin piezómetros o sin la identificación del frente húmedo y puede prevenir la propagación lateral del material. La penetración es determinada por observación del agua en la base del revestimiento, o por cálculos para determinar la porosidad del suelo y el volumen de agua requerida para penetrar el revestimiento. La configuración del infiltrómetro (SDRI) es similar a la del (SSRI), sin embargo el primero en mención tiene dos anillos. (3) Permeámetro de entrada de aire (AEP) está equipado con un manómetro de mercurio para medir la influencia de la succión del suelo sobre la infiltración. El ensayo con (AEP) se realiza en dos etapas: La instalación y la primera etapa es similar a la del (SSRI) y en ella se determina la conductividad hidráulica del suelo utilizando el (AEP) como infiltrómetro. Durante la infiltración se presenta la variación en la cabeza de presión, el contenido volumétrico de agua y conductividad hidráulica con la profundidad. Las mediciones de (k) se basan en la suposición que toda la zona húmeda está completamente saturada, aunque existen ciertas limitantes. La segunda etapa del (AEP) está diseñada para proporcionar una medida de la entrada de aire (p'a) e inicia cuando la tasa de flujo durante la infiltración se hace constante. Los resultados obtenidos utilizando los tres equipos propuestos para medir la conductividad hidráulica in situ son razonables al compararlos con los resultados de las pruebas con permeámetro en el laboratorio. Los valores de (k) in situ están en un rango aproximado del orden de (1/4) de los valores obtenidos en el laboratorio. [20]

Chiasson (2005) estudia los métodos de interpretación de las pruebas de cabeza variable en pozos entubados para medir la conductividad hidráulica (k) de los revestimientos de arcilla compactada; esta prueba con frecuencia es usada como parte del programa de calidad de la construcción. Los revestimientos se construyen con sucesiones de capas, que pueden variar la conductividad por variaciones a su vez en la densidad seca y contenido de agua, gradación del suelo y contenido mineral de arcillas. El autor revisa tres métodos de interpretación con datos reales: (1) El método de Hvorslev (retraso de tiempo), el cual es poco fiable y no se recomienda. (2) El método de la velocidad que es teóricamente sonido, pero la incertidumbre estadística puede llegar a ser alta cuando se utiliza en pruebas de materiales con baja conductividad hidráulica, tales como los revestimientos de arcilla. Los materiales con baja conductividad hidráulica tienden a producir graficas dispersas de velocidad, creando una incertidumbre considerable en el valor de (k) estimado. Estos dos enfoques tienen ciertas las limitaciones. (3) El autor propone un tercer método de interpretación (Z - t), el cual se utiliza como un mejor estimador lineal no sesgado para adaptarse a la función de diferencia de cabeza teórica en una gráfica de elevación de la columna de agua (Z) como una función de tiempo (t). El método (Z - t) es menos sensible a errores en las mediciones que los otros, dando un resultado más reproducible. Cabe mencionar que el nivel piezométrico en estas pruebas es usualmente desconocido y debe ser asumido, esto incide en el comportamiento de (k). En algunos casos es necesario realizar corrección en las mediciones por efecto del nivel piezométrico (PL). [21]

REFERENCIAS BIBLIOGRAFICAS

[1] Skempton, A.W. (1986). Standard penetration test procedures and the effects in sands of overburden pressure, relative density, particle size, ageing and overconsolidation. Géotechnique 36, N° 3, pp. 425-447.

[2] Odebrecht, E., Schnaid, F., Rocha, M. & Bernardes, G. (2005). Energy Efficiency for Standard Penetration Tests. Journal of Geotechnical and Geoenvironmental Engineering, Vol. 131, No. 10. ASCE, ISSN 1090-0241/2005/10-1252-1263.

[3] Daniel, C.R., Howie, J.A. & Sy, A. (2003). A method for correlating large penetration test (LPT) to standard penetration test (SPT) blow counts. Can. Geotech. J. Vol. 40. pp. 66-77.

[4] Restrepo, V. & Rodríguez, J. (2006). Instrumented SPT simulation using a finite difference model. XIII Congreso Colombiano de Geotecnia.

[5] Juang, C.H., Yuan, H., Lee, D. & Lin, P. (2003). Simplified Cone Penetration Test - based Method for Evaluating Liquefaction Resistance of Soils. Journal of Geotechnical and Geoenvironmental Engineering, Vol. 129, No. 1. ASCE, ISSN 1090-0241/2003/1-66-80.

[6] Boulanger, R.W. & Idriss, I.M. (2004). State Normalization of Penetration Resistance and the Effect of Overburden Stress on Liquefaction Resistance. Proceedings 11th SDEE and 3rd ICEGE, Berkeley, CA.

[7] Moss, R.E.S., Seed, R.B., Kayen, R.E., Stewart, J.P., Der-Kiureghian, A. & Cetin, K.O. (2006). CPT-Based Probabilistic and Deterministic Assessment of In Situ Seismic Soil Liquefaction Potential. Journal of Geotechnical and Geoenvironmental Engineering, Vol. 132, No. 8. ASCE, ISSN 1090-0241/2006/8-1032-1051.

[8] Moss, R.E.S., Seed, R.B. & Olsen, R.S. (2006). Normalizing the CPT for Overburden Stress. Journal of Geotechnical and Geoenvironmental Engineering, Vol. 132, No. 3. ASCE, ISSN 1090-0241/2006/3-378-387.

[9] Schneider, J.A., Randolph, M.F., Mayne, P.W. & Ramsey, N.R. (2008). Analysis of Factors Influencing Soil Classification Using Normalized Piezocone Tip Resistance and Pore Pressure Parameters. Journal of Geotechnical and Geoenvironmental Engineering, Vol. 134, No. 11. ASCE, ISSN 1090-0241/2008/11-1569-1586.

[10] Mayne, P.W. (2006). The Second James K. Mitchell Lecture Undisturbed sand strength from seismic cone tests. Geomechanics and Geoengineering: An International Journal, Vol. 1, No. 4. pp. 239-257.

[11] Chu, J., Bo, M.W., Chang, M.F. & Choa, V. (2002). Consolidation and Permeability Properties of Singapore Marine Clay. Journal of Geotechnical and Geoenvironmental Engineering, Vol. 128, No. 9. ASCE, ISSN 1090-0241/2002/9-724-732.

[12] Morris, P.H. & Williams, D.J. (1993). A new model of vane shear strength testing in soils. Géotechnique 43, N° 3, pp. 489-500.

[13] Marchetti, S., Monaco, P., Totani, G. & Calabrese, M. (2001). The Flat Dilatometer Test (DMT) in soil investigations, A Report by the ISSMGE Committee TC16. Conference On In situ Measurement of Soil Properties, Bali, Indonesia, May 2001, 41 pp.

[14] Benoît, J. & Stetson, K.P. (2003). Use of an Instrumented Flat Dilatometer in Soft Varved Clay. Journal of Geotechnical and Geoenvironmental Engineering, Vol. 129, No. 12. ASCE, ISSN 1090-0241/2003/12-1159-1167.

[15] Clarke, B.G. & Gambin, M.P. (1998). Pressuremeter testing in onshore ground investigations: A report by ISSMGE Committee TC 16.
[16] Palmström, A. & Singh, R. (2001). The Deformation Modulus of Rock Masses, Comparisons between In Situ Tests and Indirect Estimates. Tunnelling and Underground Space Technology, Vol. 16, No. 3, pp. 115 - 131.

[17] Corthésy, R., Leite, M.E., Gill, D.E. & Gaudin, B. (2003). Stress measurements in soft rocks. Engineering Geology 69. pp. 381-397.

[18] Galera, J.M., Álvarez, M. & Bieniawski, Z.T. (2005). Evaluation of the Deformation Modulus of Rock Masses: Comparison of Pressuremeter and Dilatometer Tests with RMR Prediction. ISP5-PRESSIO 2005 International Symposium.

[19] Strout, J.M. & Senneset, K. (1998). The Field Compressometer Test in Norway. In: Geotechnical Site Characterization, Robertson & Mayne (eds) © 1998 Balkema, Rotterdam, ISBN 90 5410 939 4.

[20] Fernulk, N. & Haug, M. (1990). Evaluation of In Situ Permeability Testing Methods. Journal of Geotechnical Engineering, Vol. 116, No. 2. ASCE, ISSN 0733-9410/90/0002-0297.

[21] Chiasson, P. (2005). Methods of Interpretation of Borehole Falling-Head Tests Performed in Compacted Clay Liners. Can. Geotech. J. 42. pp. 79–90.